一步巴黎

[法]卡米尔·博诺◎著

李凯◎译

1个月
减轻精神压力

青岛出版社
QINGDAO PUBLISHING HOUSE

图书在版编目（CIP）数据

1个月减轻精神压力 / (法) 卡米尔·博诺著；李凯
译. — 青岛：青岛出版社，2020.7
　（一步巴黎）
　ISBN 978-7-5552-9195-4

　Ⅰ.①1… Ⅱ.①卡… ②李… Ⅲ.①女性—心理压力
—心理调节—通俗读物　Ⅳ.①B842.6-49

　中国版本图书馆CIP数据核字(2020)第082701号

1 mois pour répartir la charge mentale© Hachette-Livre (Hachette Pratique), 2019.
Author of the text :Camille Bonneau

山东省版权局版权登记号　图字：15-2020-81

书　　名	1个月减轻精神压力（一步巴黎） 1 GE YUE JIANQING JINGSHEN YALI（YIBU BALI）
著　　者	[法] 卡米尔·博诺
译　　者	李　凯
出版发行	青岛出版社
社　　址	青岛市海尔路182号（266061）
本社网址	http://www.qdpub.com
邮购电话	13335059110　0532-85814750（传真）　0532-68068026
策　　划	刘海波　周鸿媛
责任编辑	王　宁
特约编辑	孔晓南　依　晨
封面设计	1204设计工作室（北京）文俊
排　　版	青岛乐道视觉创意设计有限公司
印　　刷	青岛双星华信印刷有限公司
出版日期	2020年7月第1版　2020年7月第1次印刷
开　　本	16开（710毫米×1000毫米）
印　　张	6
字　　数	100千
印　　数	1-8000
书　　号	ISBN 978-7-5552-9195-4
定　　价	45.00元

编校印装质量、盗版监督服务电话　4006532017　0532-68068638
本书建议陈列类别：心理自助类　时尚生活类

精神压力巨大者的独白

要迟到了！再不起床，就要来不及了！

我昨天晚上用洗衣机洗衣服了吗？是不是忘记晾衣服了？咦，这是什么东西？哎呀，我得抓紧了。别忘了准备办护照用的照片，别忘了，千万别忘了。如果一件事情重复三次，我就不会忘记了。可是，那份表格我打印了吗？

对了，洗发水没有了，记得下班的路上买吧，真好奇贝拉克·侯赛因·奥巴马会不会亲自买洗发水。晚上有一场家长会，要记得是在看牙医之前。我得给阿蒂和巴布打电话，问问他们能不能在我们聚会之前先送萨沙去学校，再带他去上数学辅导课。会不会有一天，我把自己的孩子弄丢了？

其实，我一直有个疯狂的想法——在巴厘岛的大海里赤身裸体地嬉戏畅游！美容师，今天我有预约吗？谁把这个便利贴挪地方了？哎呀，清单里还有十二件事没处理呢！好想一连睡上三天啊，但是我不能，因为还得去看妇科医生，还有工作会议要开，还要去学习舞蹈。

垃圾袋要买大号的，我们家小宝贝的运动鞋是31码的，大宝贝的运动T恤衫是M号的……哎呀，我忘记朋友的电话号码了。

我太累了，但不好意思说，别人听了会很烦吧？但是，说真的，我一直都很累。

我还得去书店买小学高年级孩子用的书，差点儿忘记了。下回我给孩子钱，让他自己去买。

我的清单呢？我的清单！我把它落在工作的地方了……天哪，我得同时做五件事才行！

做瑜伽的时候，我把自己想象成莲花、竹子，或者青蛙，要不要下次试试泰拳？

已经这么晚了吗？要做的事一半都没完成呢！我真是一无是处，只想窝在沙发里。没剩多少时间了，我是不是还忘了什么事？我肯定忘了什么事。但是，我到底忘了什么呢？对，买洗发水！

唉，明天再想吧！

我的精神压力

写下前面独白的时候，我还有很多待办事项需要处理。学校假期快要结束了，我们计划赶在结束前全家出游。屋子有些地方需要修整，可我却没有时间。差点儿忘了说，我的爱人不在我住的城市工作。我一周有五天的时间需要独自带着孩子和捣乱的猫在这座房子里生活，处理自己的和家人的事情，还有这本书要写。不过，也有个好消息，那就是我的爱人刚刚回来。

几个月前，我差点儿迷失了自我。

在过去的很长一段时间，我一直背负着难以忍受的沉重的思想压力。我不知道如何摆脱这种困境，每次尝试都是徒劳。每天我尽我所能地去做事情，但总是做不完。做不完的事情越多，我就越感到内疚，我越内疚，就越想要索取更多，也就越发地不快乐。我甚至想要逃离，逃到一个没有人的地方，什么都不去想。多做一件事都会让我感到很难受。

我想要改变

有一天，我在网上看到了艾玛的漫画《法莱特的请求》，读到第二章《换个样子》时，我就像其他读过这本漫画的人一样大叫起来："的确如此！我没疯，我只是把家里所有的信息都在脑子里过了一遍，就像播报新闻一样！"

我马上觉得自己应该有所改变。我们总是有很多事情要做，我和爱人就这件事讨论了很长时间，也就是从那时起，我们才开始学着更好地分配和管理我们的精神压力。之所以说是"我们"的精神压力，是因为这是我们的房子，我们的孩子，我们的猫，我们的三餐，我们的衣服，我们的生活……无论如何，我们要一起分担！

当然，罗马不是一天建成的。所以，也并不是每件事的改变都能尽如人意。不过，我们可以尝试着每天去做一些小事，来减轻我们的负担。

真心希望这本书能帮助你找到舒缓压力的方法。面对随着时间越积越多的事情，我们该如何去应对，如何将其妥善处理呢？为什么不能彻底地摆脱呢？

精神压力具体指什么？

我们的生活里处处弥漫着不安，我们因无法应对这种不安而感到内疚，但不管怎么样，我们都得继续面对……近几个月，法国作家艾玛的畅销漫画书将精神压力这一概念展现得淋漓尽致。在法国，大家突然间都开始讨论这个话题，发出"哦""啊""原来如此"的感叹。简而言之，我们开始意识到，这个整天困扰着我们的情绪是有一个名字的。

精神压力

在到处翻阅资料，想要找到"精神压力"的正式含义时，我发现魁北克拉瓦尔大学的学者尼克尔·布雷斯的定义真的很有说服力：

"一种无形的、必要的、持续的管理、组织和计划，旨在满足每个人的需要，使生活顺利进行。"

我认为这个定义诠释得很完整，不知道你的感受如何？

我和朋友就精神压力展开了热烈的讨论，并且阅读了很多相关资料。我最深刻的感受就是：一个人把必须做的事情叠加在一起时，他是不可能完成所有的事情的。这无疑要背负沉重的心理负担。如果我们不重视，这种心理压力可能会对家庭生活带来严重的后果。

很多时候，精神压力似乎与任务分配无关。在我家，我和爱人是平均分担日常

> "我变得易怒，厌倦了现实生活，濒临崩溃。清单里列出的事项似乎永远也完不成。芝麻大小的事儿都能让我崩溃。我厌倦了思考任何事情。总是这样，一直这样。"

事务的。尽管如此，统筹规划这一切的还是我——每天是我来想着所有事情，是我来提醒别人做事，是我来安排一切事务。这就是为什么我总是处于精神高度紧张的状态。当意识到这个问题的时候，我分析和研究了作为家庭生活管理者应如何与家人沟通、如何挖掘家人的潜力来共同解决繁重的家庭事务，我受到极大的鼓舞。能够畅所欲言，这是转变的第一步，这种转变能够真正地分配精神压力。

希望这本书能帮助你找到更好地分配家庭精神压力的方法，这是个好事儿，对吧？

精神压力只是女人的事情？
那男人呢？

精神压力超负荷的原因是多方面的，追根溯源，甚至可能与儿童时期的经历有关。有些人可能从小就看着自己的妈妈打理家里的一切事务，因此就"复制"了这种家庭模式。职业女性结束工作后，回家还要打理家庭事务，这时候精神压力就会产生。有些人可能想要事事完美（事实上却总是徒劳），所以想掌控所有事务；有些人可能不够信任他们的伴侣，所以事必躬亲。这些想法会使我们陷入事情永远也做不完的困境之中。我们把资料堆高，我们和时间赛跑，我们试图把自己管理得更好，但是无论怎么做，精神压力总是如影随形。

无论是已婚族还是单身族，无论是学生还是员工，无论是单亲妈妈还是单亲爸爸……精神压力都会在一定程度上影响着我们的生活，只不过是程度不同而已。

对男人来说，除非他们对家庭全权负责，否则大部分男人受家庭精神压力的影响较小。我写这些并不是要批判他们，而仅仅是一种客观陈述。当然，我也期望这些男人能够改进，更合理地与他们的伴侣分担精神压力。这本书绝不是要宣扬女权主义，在接下来的内容里，我会分别跟男人、女人对话。希望这本书可以让你的生活变得更加轻松。

我在与女人们的交流中得知，第一个精神压力的高峰期通常出现在第一个孩子出生时。同样，我对那个时候的情绪爆发记忆犹新。而在与男人们的交流中，我发现他们的压力高峰期却是在找到第一份工作的时候。当女人在家里想着每天要做的事情时，男人的大脑却处于休息状态。男人的大脑只有在工作时才会彻底运转；工作是他们每天需要面对的唯一问题；而女人在一天中不仅会考虑工作，还会考虑生活中的方方面面，这让她们压力重重。所以，女人通常要背负双重的精神压力。

我认为最好的解决方法就是实事求是，理性沟通，不要有一丝责备。只要男人对女人的精神压力没有清晰的认识；只要男人对家庭的付出与女人不同，家庭的负担就还是在女人身上。我们需要一起做出改变，携手共进。

为什么是1个月?

　　这本书包含四个步骤,帮你在1个月内完成精神压力的缓解。我们可以和家人一起探讨本书的内容,用几天或者几个星期的时间都没有问题。待我们和家人达成共识的时候,就要选择一个合适的时间开始实施,建议选择一个比较空闲的时间。如果家庭成员不合作,你是无法很好地缓解精神压力的。

　　1个月的时间够长,我们可以把事情安排得井然有序;1个月的时间也够短,我们不至于陷入太复杂的是否下决定的纠结中。1个月正好是便于组织又有效率的时间段,不会带来过多的细节挑剔和争吵。

　　以下是我们未来四周的重点活动内容:

　　第一周,唤醒家人意识,分享信息。

　　第二周,角色互换。为了更好地与家人分担压力,这是一个必要环节。

　　第三周,通过一些简单实用的工具,落实对自己精神压力的统筹分配。

　　第四周,将前三周所做的一切打造成长期模式,使其常态化、程序化。

　　花些时间好好读一下本书,仔细揣摩后,就开始吧!1个月之后,你会收获更多的时间、更少的焦虑,还有,更多的惊喜!

你不是一个人在努力,姐妹们给你打气!

用户使用手册

通过阅读本书，你会意识到，本书的目的是建立分担思维，对缓解每个人的精神压力都适用。在这里，你会找到更好地分配家庭精神压力的方法和实用的工具。本书最终的目的不是让你的家人思考更多的事情，而是找到一种新的处理方式，使每个人都能承担起自己的那份精神压力，尤其是要培养他们的主动性。

诚然，我们要讨论的是如何重新分配家庭精神压力，但是更重要的是和家人进行分享和沟通。在筹备这本书时，我和很多朋友进行过探讨。通过探讨，我发现理性沟通是分担家庭精神压力的基础。每天都减轻一点精神压力，就不会过度焦虑或劳累了。

本书会帮你找到更好地分配精神压力的具体方法，除此之外，你还可以收获：

· 明确的目标和评估手段
· 其他人的成功案例
· 和家人分享缓解压力的秘方
· 放手的技巧
· 给自己加油打气的信念

最后，让我们学会用更好的沟通方式实现我们的目的。

本书中与家庭精神压力相关的词语

家务：是指在家庭中为维持或经营家庭生活而进行的活动，比如家庭财务管理，维护家具、家电、下水管道、花园以及保养汽车等，这些活动是重复的和必要的。

任务分享：是指一种平均分配所有家务活动的方法。

超负荷运转：通常在一个人需要同时处理很多信息或事项的时候发生。长期来看，超负荷运转会导致压力大、情绪差（比如焦虑）或家庭关系紧张，也会影响工作或者学习。

家庭精神压力：是指在处理家庭日常生活中固有的信息和任务时感知到的压力。

生活辅导：是一种通过他人介入而收获帮助的方式，可以帮助一个面临改变或危机的人克服困境。

精神崩溃：是因无法再承受压力和疲劳而出现的一种长期心理困境。"崩溃"的意思是"筋疲力尽"，这是一个渐进、缓慢的过程。日常生活中沉重的压力、责任感及时间不够用是造成超负荷工作的主要原因，会使人身心疲惫。

放手：这是一种通过接受自己的极限来释放自我，从而使自己从掌控一切的欲望中解脱出来的方法。

快乐的1个月

　　过去的一年多，我每天都在坚持写日记，记录让我高兴的一些事，记录每天能够打动我的点点滴滴。这些记录通常都是围绕着我的孩子们展开，但是也不仅仅如此。我还记得一只鸽子在我正前方的人行道踱步而过，用揶揄的眼光盯着我，很多陌生人见状开怀大笑；我还记得第一次吃山竹时的感觉……这些看似不起眼的小事，形成了我的快乐记忆，帮我度过了困难的时刻。

　　世界瞬息万变，我们无时无刻不在思考。在我们即将一起度过的这1个月当中，我建议你仅将美好的事情记录在下面。几年后，你会发现，它们依然会治愈生活中的不如意。

目录

唤醒家人
的意识

第1周的目标

第一周将是你需要思考得最多的一周。我知道你一定会问，这有什么好思考的？但是，这样的思考非常重要，需要你有一个清晰的、积极的目标，就是要将压垮你的精神压力进行更好地分配。

首先，你需要做一件看似简单但其实并不简单的工作，那就是正视你的精神压力。把一切理顺，才能更好地分配它们。把事情有条理地记录下来，这是缓解压力的第一步。

这项工作需要你观察很多事情。通常情况下，精神压力根深蒂固，而大脑的程序化运作常常使我们忽略身边发生的很多小事，因此，为了更好地唤醒自我意识和学会分享，我们就要脱离常规、细心观察。这周虽然很"烧脑"，但好在面对家庭的精神压力，你不是孤身一人。你可以带上爱人，甚至是孩子（如果你觉得有必要的话）。

随着时间的推移，你可以把所有的信息"铺平"，也就是将它们写出来。这是把它们从你脑海中提取出来，并展示给家人的最简单的办法。

把所有的事情都写出来，一定要写下"所有的事情"，当然，很重要的一点是你的爱人也要做同样的事情。最好的办法是你们一起完成。

如果男女平等，那么角色互换后，男性承担的义务不会变多，女性肩负的责任也不会减少。我绝对不是在倡导女权主义，只是尝试以自然界中蜜蜂和蚂蚁的群体行为规律来诠释生活。

——让·多麦颂

第1周行动指南

在后面几页的列表中，你会发现，我希望你尽可能地把所有事情列出来，事无巨细，这样其他人才会了解你每天需要考虑的事情，不管是每天一次、每周一次，还是每年一次。实际上，列表上的事情必须一直保留到完成的时候。

先把任务写到纸上，然后把大家召集到一起讨论，你会发现，你可以马上把这些任务从自己的脑海中删除，同时还能够让家人意识到，你每天需要考虑的事项有如此之多。这也是一个看看你爱人的待办清单中都有什么事项的机会。花时间让自己熟悉所有事项，然后在闲暇时和爱人一起讨论，分享彼此的想法。你可能会说，这是一项额外的任务，但它具有减轻其他任务的优点。

后面的几页是私人定制的，你可以根据自己的待办事项做相应的调整。要保证你写下的内容尽量精确。当然，你的爱人和孩子也要这样做，他们也要精确地写下他们需要做的事项。

这一周，你需要：

☐ 一本笔记本（会出现在你的手提包里、车里、你房间的床头柜里、办公室里，也可能会出现在浴室里）。

☐ 不同颜色的便利贴（贴到你想贴的位置，尤其重要的是，要让所有人都看得到你写下的信息）。

☐ 随手可以拿到的笔。

接下来，写出你想要和你周围的哪个人讨论精神压力这件事。分享是发现隐藏信息最好的方法，这是一个诀窍！

小贴士：
想到一件事就要马上记下来，不要等。你也许觉得你会记住，但是这件事很容易就会被忘掉。在你忘掉之前，一定要记下来。

关于家庭活动的信息

　　一个家庭积累的信息很快会变得不计其数。之后你就会像其他人一样，发现这些信息是不断变化的。调整通常会耗费很大的精力。你最好把所有的家庭信息都统一列到同一个列表中。我再重复一遍，一定要以家庭为单位（如果孩子还小，至少要包含爱人的信息），这一点很重要。

假期出游

　　规划出游本来是一件快乐的事，可到最后反倒可能变成一场噩梦。一位医生告诉我，他们想要一场轻松之旅，要不然度假会变成一种错误的减压方式。说得容易，但是当你要独自处理所有出游事务时，就很难感觉轻松。分享所有的信息和需要完成的任务是完成一场轻松之旅的关键，这正是你所需要去做的。在游泳池边晒晒太阳，喝一小口鸡尾酒，内心平静，这就是你这周需要做的事。尝试着写下让你思绪混乱的所有信息。

假期出游	笔记
火车票/飞机票	
签证办理	
身份证信息	
家庭出游	
周末出游	
大人出游	

我们的朋友——宠物

一开始是谁想要养宠物，最后又是谁负责它的喂养，照顾它的幼崽？这个问题听起来有点儿荒谬，但是有时候我们所喜爱的宠物，会变成每天精神压力的来源之一。好消息是：这个环节非常适合让孩子们加入。你可以授予他们权利，让他们独立自主地照顾宠物。

宠物	笔记
打疫苗	
联系兽医	
打扫宠物的窝	
清理垃圾	
饲养	
……	

庆祝活动

还有一项常见的家庭事务——聚会。春节、中秋节……虽然家人在这些节日欢聚一堂是让人开心的事，但要组织这些聚会需要耗费大量的精力。聚会的时候，如果你要安排所有事情，就很难放松，很难和朋友、家人一起享受本应美好的时光。你可以通过分享信息和分配任务，使每个人承担起自己的责任。

聚会	笔记
请帖	
待购清单	
举办日期	
……	

关于房子的信息

不管你是房主还是租户，有关房子的一切事项对你来说都很重要。这也是一次和你的爱人就这个问题对话的机会。通过分享有关房子的信息，你会意识到，需要做或者需要考虑的事项是如此之多：整理、检修、维护……甚至像倒垃圾这样简单的小事，已足够塞满整个大脑。是时候去分享这些信息啦！

维护 房屋清洁（或聘请清洁工） 洗衣服（清洗、晾干、整理） 倒垃圾 洗餐具（或用洗碗机） 日常家居整理 各种维修	**笔记**
食物 储存、购物 制订菜单、烹饪	**笔记**
花园/植物 种植 浇水	**笔记**
管理 税、水电、燃气、网络 各种保险、信贷 银行、薪水 电话、电视	**笔记**
汽车 保养 检修、清洗	**笔记**

本周的
创意食谱

　　本周的创意食谱简单有趣，可以和家人一起照着做。一定要把食谱写出来放在显眼的地方，这样你不仅不会忘，还可以享受有很多双手和你一起做饭的乐趣。

　　很多人都喜欢巧克力酥饼配上果汁或者热茶，因为它不仅很美味，而且很快就可以做好。

原材料：

黄油125g

糕点用巧克力125g

鸡蛋3个

糖粉125g

低筋面粉60g

方法（全家人一起做）：

1. 将烤箱预热到220℃。

2. 在蒸锅或微波炉里将黄油和巧克力一起溶化。同时将鸡蛋打散，并用打蛋器将鸡蛋和糖粉搅拌在一起。

3. 把混合好的黄油和巧克力加入搅拌均匀的蛋液里，然后加入低筋面粉。

4. 将以上混合物倒入纸杯模型中。如果你喜欢非常松软的，就烤7分钟；如果你喜欢有一点儿松软的，就烤8分钟；如果你喜欢酥脆的，就烤9分钟！
   是的，这是美食，也是一门学问！

关于孩子的信息

我想，孩子的信息是占用我们脑容量最大的一部分。仅仅处理自己的事情就已经非常麻烦了，而从第一个孩子出生起，生活就变得更加忙碌了。与家庭和孩子有关的信息不断萦绕在我们的脑海中，随时会变化。这就是我们半夜惊醒的原因（凌晨两点，还没给孩子打印学习资料；凌晨四点，还没有给孩子买芭蕾舞鞋……）这些琐事真的让人筋疲力尽。不过没关系，在这里，我们可以把所有事情搞定！

> 要让孩子参与这个环节。事实上，当他看到书面的文字之后，就会意识到要做的事情是多么多了。有形的、具体的东西是最有说服力的。

监护及教育

先试着把大项列出来，再列出细节。刚开始我们要照顾孩子，然后他慢慢长大，开始上学，一直到上高中、大学，按照这个顺序，回顾与孩子教育相关的所有事项。

育儿 保姆，托儿所，日托 入学 监管，报名 教育，作业 学校用品 与老师的关系 生病 上学日 日程安排 学校假期 学校旅行 路线选择 公共交通卡	笔记

穿着

你喜欢整理衣物吗？从一个季节到下一个季节，一切都在变化：品位、孩子的身高、时尚……每天都要从穿着开始，穿着安排占据了日常生活的很大一部分。来吧，我们一起把所有事情——对，是所有事情——都记录下来！

衣服的尺码 鞋号 季节性购物 每天要穿的衣服	笔记

课外活动

课外活动是让妈妈们很头疼的一件事！交通方式都要考虑很久。二宝在一个地方课外活动，大宝在另一个地方，而你又要把两个孩子都接上，安排行程就成了一场考验！

课外活动 适合的衣服 需要随身携带的物品 小伙伴父母的联系方式 节日日期 演出、比赛	笔记

为了能够实现真正的高效，请写下所有信息，并为每个孩子单独准备一份。

超负荷的时刻

第1周非常紧张，这很正常，接下来的几天里一切还会照旧。但有一个小窍门，可以让你顺利地度过这些超负荷的时刻。

下面是克服逆境的技巧，不复杂，但是可以让你在"危机"时刻打起精神，信心满满地重新开始。

深呼吸十次，

体会肌肤洒满阳光的感觉。

闭上眼睛，想象世界绕着你旋转，

想象未来的自己，彼时的你已克服了所有困难。

写下你脑海中的所有事情，不要只是想，一定要写下来。

从你的待办事项中去掉三项。

听一首你喜欢的歌曲，

大声地说出"我真棒！"

看看外面舒展的云朵或者听听窗外嘀嗒的雨声，其他的什么也不做。

给朋友发五条信息，不只是简单地写上"我想你了，亲爱的"，

而是发自内心的长长的问候。

关于健康的信息

妈妈们通常要面对很多事情，但是她们不一定会在晚上把这些告诉自己的爱人。每天要处理的事情越多，人的精力就会变得越差，精神压力也就越大……这就形成了恶性循环。家人的健康无疑是最重要的，但通常也是最脆弱的。你必须要长远考虑，同时不要忘了短期的体检。

下面是你需要考虑的事情，和以前一样，要把所有事项都写下来，当然，要和你的爱人一起。

社会保险单 健康检查表 款项支付 医生咨询 避孕 医疗记录（病历） 医院信息	笔记
一周里与医生的预约 家人的健康报告	笔记
过敏史 病史	笔记
孩子的身高、体重 身体质量指数（BMI） 疫苗注射日期	笔记

健康信息要记得定期更新，因为孩子们长得很快。

关于工作

在我准备前几页的清单并与周围的人讨论时，一位朋友问我："那么工作呢？与工作有关的事儿太多了，会消耗我们很大一部分精力。"

的确，如果我们仔细想一下，就会发现工作是日常生活的重要组成部分，但是很难在家庭中分享。

在某些时刻问问自己，并分析一下，你是如何工作的。面对大量需要处理的信息，你是如何应对的？你能根据需要确定事情的优先级吗？如果你不处理（比如一个小时、一天或者一周），会发生什么？

这样的反思可能会让你开始有更深刻的体会，并开启你的"分享精神压力"之旅。谁知道呢，也许你的同事也很乐意分享他们的精神压力呢？所以这个问题还是值得讨论的，对吧？

在如今的社会中，工作是一场业绩与表现的竞争。想要成功，就要用最短的时间交出最好的答卷。如果很少被认可，就会越来越疲倦。

对于如何更好地分配精神压力，我的方法是不要一直持续地工作，独自承担所有的工作量。有任务的时候要懂得分配，例如，可以向同事寻求帮助，或者问问某个同事的意见，这一点儿也不丢人。

下面的这些问题很简单，但是却能很好地反映出你的精神压力，请自我检测下。

· 如果我没有马上回复这个邮件，会不会有麻烦？

· 在做这件事之前，我是不是可以先做另外一件事？

· 如果我把这项任务委派给他人，会不会"天下大乱"？

· 如果我今天按时下班，而不是晚三十分钟下班，会怎么样？

受家庭精神压力影响很大的往往是女性，而在工作中受精神压力影响大的往往是男性。一个男人在有工作的时候早点儿下班去接孩子放学，与他在没有工作要做的情况下在办公室待到深夜相比，前者更容易让公司不满。这就是所谓的"出勤主义"。在人们的潜意识里，一个男人在工作中必须要高效、细心，并且全身心奉献。我们是否可以合理地推论，当我们的社会停止暗示工作应该由男人优先时，女人的家庭精神压力将会有所减少呢？

艾米丽的例子

艾米丽是一名全职教师，也是三个孩子的妈妈。因为工作的原因，她比丈夫有更多的时间照顾孩子，但是不可避免的，她的精神压力也在面临"泛滥"的风险。

你是怎样意识到自己的精神压力的?

第一个孩子出生之后，我的精神压力问题逐渐显现。

一个新生儿的诞生，给原本无忧无虑的二人世界增加了新的负担，比如和儿科医生会面、清洗衣物，更重要的是对婴儿的护理。在不知不觉中，我的精神压力逐渐累积。虽然丈夫也一直参与日常家务，但是还是需要我来安排一切，当时我尚且可以应付。

四年后，我们的第二个孩子出生了，随之而来的是精神压力的加大。虽然有丈夫帮忙，但我承担了家庭中80%的工作。即便我做得更多了，我也没觉得这是个大问题。

待第三个孩子出生，我才发觉自己没有真正衡量孩子对我们的家庭生活，尤其是对我的影响。随着孩子的数量越来越多，不经意间很多事情都变了：预约越来越多，要照顾已经上学的孩子，忙不完的家务……终于，我有了一种不堪重负的感觉。在我的咨询师、家人和朋友的帮助下，我才真正意识到自己的负担有多重。当然，我丈夫也慢慢意识到了这一点，他给了我很多帮助。我们进行了多次沟通，现在正试着更公平地分配家务。

现在，我们在一点一点地进步，家务和家庭责任等都有了更明确的分工，但是还远远达不到公平分配精神压力的程度。

你怎样协调工作和家庭之间的关系?

很幸运，我是一名教师，周三不用工作，可以和学生一样享受假期。打扫、购物或洗衣服，在有空的时候去做就可以了，而且还有丈夫同我一起分担。我们每周会请一次小时工（工作两个小时），我觉得这也使我的精神压力减轻了许多。

对于更好地分配家里的精神压力，你有什么秘诀?

留便条或者发信息！我跟丈夫口头分享信息的时候，他根本记不住。所以我就给他留便条或者发信息。这样很多事情我就不用再去操心了。

我还有一个秘诀：那就是放手！说起来容易，做起来难，但是在我看来，这个方法适用于所有夫妻。

那些让你暴跳如雷的话，该如何回应？

标题只是开个玩笑，不过生活里确实会有一些话，让我们听到后想要咆哮。这些话可能是我们自己、我们的爱人，或者我们的孩子说的。一句看似无害的话，如果经常重复，也可能会变得令人厌恶，以至于真的触动神经，并影响我们的情绪。

"需要我帮忙吗？"事实上，不需要，如果你说是帮忙，那么我做的事情就不是你的责任，但是洗碗是每个人的事，不是吗？

"我很幸运，我的丈夫/妻子可以帮我的忙。"但是怎么样才算是帮到你？把你的内裤洗完、叠好再收起来？哇，你真幸运！

"别担心，亲爱的，我来带孩子。"事实上，亲爱的，这是我们的孩子，不需要"带"，而是要抚养、爱护、教育，陪他们玩耍……"带"是保姆的工作。

"噢，洗衣服是你的事呀，你不是喜欢熨衣服吗？"是的，当然！舒展一下身体，逛街，在大松树的树荫下看一本好书，然后睡一小觉……这些好像都和我没有关系。我只能喜欢熨衣服！

"但是，你为什么不叫我呢？"好吧！那是因为我希望你能主动一点儿！但是，既然我等不到这个时刻，那我就自己来吧，亲爱的。

"爸爸妈妈，我已经很好啦。昨天我还摆好了餐桌呢！"所以，既然我已经给你做了十四年的早餐、午餐和晚餐，我也可以说，我已经很好了，然后离开，这样我们就扯平了？

"亲爱的，你能给我约一下理发师吗？"哦，不过，你认为你什么时候能给我约一下牙医？

"妈妈，你能想着帮我买一管胶水吗？"不能！我想不起来！我们去超市的时候，应该由你来提醒我。或者，你可以自己看看购物清单，我的小宝贝！

属于自己的时刻

建议在这里记下这一周里七个你觉得疲倦、劳累、烦恼的时刻。作为补偿，再记录七个你觉得心情不错的时刻——可以是独处的时刻，也可以是和他人相处的时刻。要注意写下这些时刻的情绪。

我因为……而生气，我因为……而害怕，我因为……而郁闷，我因为……而为自己感到骄傲等。

1.

2.

3.

4.

5.

6.

7.

具体情况，具体分析

讨论如何更好地分配精神压力时，我们还要考虑到家庭环境的不同。

如果夫妻中的一方因工作而缺勤，或者这个家庭是一个单亲家庭，分配精神压力就会有一些麻烦。怎样和一个每个月只在家待几天，或者有时候根本不在家的人分担家庭事务呢？因为我们家就是这种情况，所以我是有切身体会的。我们家的情况甚至更糟糕，因为我的爱人在外地工作，只有周末才回来，所以从某种程度上来说，我也是一个"单亲妈妈"。

我必须承认，当我独自与孩子们在家时，如果处理不及时的话，我的精神压力就会急剧增加。一方面，一个星期的所有安排（涉及孩子们的接送、购物、日常生活管理）都落在我的肩上。这显然是事实，因为我的爱人真的不在家。无须与事实抗争，否则，我们就会迷失自我。另一方面，我拒绝承担过多。如果有需要长期管理的事情，我都会选择和爱人一起分担。通过网络，我们可以在任何地方处理任何事情。不一定非得在家里订火车票，对吧？

另外一种情况：你们中的有些人可能选择了一个会有很多时间照顾孩子的工作，就像老师在没有课的时候照顾孩子就很方便。如果这是自己选择并喜欢的一种生活方式，那么这个精神压力就会显得不那么沉重。

家庭模式有很多种，而且是不断变化的。对于一个家庭而言，现在可行的事在几年或者几个月之后可能就无法实现了。也许单身的爸爸会再找人一起生活，也许当老师的妈妈出现工作调动，需要到外地出差……我爱人现在的工作就离家近一些了，每天晚上都能回家。这些变化谁又能说得准呢！

> 适应不同的情况，使每个人都能在家里体现自己的价值，并尽可能发挥自己的潜力。秘诀是不是就在这里？

角色互换

有时候，我会在家里和家人玩一个游戏——角色互换，就是家人通过设定情境，模仿其他家人的生活习惯、口头禅等，来扮演另一个家庭角色。看孩子模仿我，或者我们相互模仿真的很滑稽。这有时也会让我陷入思考，因为他们知道如何抓住我的软肋。这是个有趣的游戏，可以帮助我们反思并前行。

如果想和家人进行一次深入沟通，可以互换角色一整天（或者半天）。在周末进行互换比较容易实现。

这天，你可以和爱人互换家务活来做，可以让孩子们出去玩，家里只留成年人。注意，你不能提醒另一半，而要让他完全按照他理解的方式来扮演你，不能有一点儿妥协。

安排好整个过程，实践后完成下面的内容记录。记录、讨论、反思是达成目的的关键。

最困难的时刻：
....

最美好的时刻：
....

没有想到的事：
....

可以改进的事：
....

想要保留的事：
....

我的感受：
....

父母与孩子的故事

"你很重要，你知道吗？""是吗？为什么呢？"

"你很重要，因为即使你还很小，在这个世界上也有自己的位置。你很聪明，很勇敢，而且你是自由的。

你很重要，因为你有天使般的笑容，有这么清澈、有神的眼睛。

你很重要，在你玩耍的时候，在你大笑的时候，甚至是在你生气的时候，对我们而言，你都很重要。

你是我和你爸爸最伟大的成就。当你来到这个世界后，你就变得和你的哥哥一样重要。我们对你们的爱不会因为你们出生的先后而有所区别。

你的生活、你的决定都很重要；你的每天都很重要，即使是在吵闹的时候。

你很重要，你很美丽，你很有趣，你是我们的全部。

你是我们的世界里最重要的四岁小孩，你说的话我们都会听。

你很重要，因为你会尝试着做一些小事；比如涂色或者种花。你很重要；因为你是我们的太阳。"

"也因为我很强壮，是吧？妈妈。"

"对，你说得对，有时候这个也算。"

这周一洗澡的时候，我告诉她，她有多么重要，如果没有她，我们的生活会有多么大的不同。我把这些本来应该低声说的话，大声地告诉了她。即使是对这么小的孩子，我也会告诉她，她和她的哥哥都非常重要。

我亲爱的小宝贝，你非常重要。

你像一棵百年的苹果树那样重要。

她笑了。孩子们不一定什么都懂，却懂得最本质的东西。

第1周，我们蓄势待发

　　这一周，你做了大量的工作，你完全可以为此感到骄傲！把你脑海中的信息分类并做好记录，以便随时都可以看到它们，这对你来说是非常有用的，你以后就会知道了。第1周做的事情似乎有点儿无聊，但是从现在起，你再也不会独自面对这些信息了。每个人都会看到它们并且帮你分担，简而言之，这些工作会得到更好的分配。

　　如果这一周你和家人进行了大量的讨论和反思，那么下一周将会很有趣。准备好去探索新的一周了吗？

在这里写下你对第1周的感受。

觉得困难的事情：

觉得容易的事情：

还可以改善的事情：

第2周

更好地分配
家里的精神压力

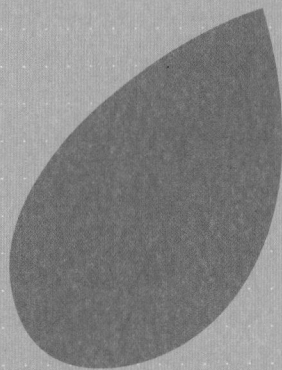

第2周的目标

上一周，你意识到了脑海中需要处理的信息量是多么巨大。现在是时候采取一些措施，让它们不要再困扰你了！

分享时刻

第二周将会是分享和分担的一周。对，这就是我们想要的！接下来的几天，我们的目的是思考并选择哪些事要保留下来，哪些事可以不用去考虑，或者不用去做。要学会安静地对话，而不是喋喋不休地责备（这样不会有成效）。不过你会发现，处理这些事情是有窍门的。

更好地分配精神负担必然意味着家里的其他人也要参与其中。这一变化必须尽可能温和地发生。这是一个真正的家庭问题，也是个人问题。我们的界限在哪里？为什么我们的负担这么重？我们在不断地追求完美时将自己陷于何种境地？这么多问题，我会一一给出答案。

这个星期你会有点儿紧张，但是我再次跟你保证，这对你是有利的。现在，我们开始吧？

这样有助于重新审视和分配那些无关紧要的重复性任务。尽管这意味着要容忍那些拖延的人们。

——艾玛

第一人称"我"的重要性

这周，你不得不提醒自己，要分清事情的轻重缓急并进行选择。有些事自己做不容易，但是如果更多人做，可能会更让你头疼。

想要做好这些事，最重要的是不要和你想要分配精神压力的人起争执，而是要进行一次真正有建设性的对话。

幸运的是，这里有一个历经数十年考验的可靠的沟通方法：

说话时使用第一人称"我"。

你会发现，使用第一人称"我"说话（也称为"积极聆听"），接下来的几天里你会有很大的收获。随着它对沟通的改变，你会真正体验到它所带来的好处。

原理很简单。使用"我"可以以尊重和友善的方式来表达自己的观点，而且特别有效。通过这种交流方式，你可以将情绪和期望放在讨论的核心。相反，使用"你"说话（我们大多数时候本能地使用这一称谓），对方会将其理解为一种指责、禁令，并且可能成为怨恨和抵抗的根源。这很符合逻辑，当你被告知要做某事时，你一定不想这样做。而如果你面前的人告诉你他们对某种情况的感受，你将变得富有同情心，并希望找到解决方案。

一些实例

如果我们把积极聆听运用到分配精神压力这个"伟大的项目"中，就会是下面这样：

使用"你"："你总是依靠我，你都不知道孩子们的尺码。"（这很自然地会被理解为指责，不是吗？）

使用"我"："我有点儿烦，我希望我们两个一起来打理孩子们的穿着。我不想自己做这件事。"

使用"你"："我跟你解释的时候，你在听我说话吗？你是烦了还是怎么了？"

使用"我"："我很伤心，因为你没有理解我说的话。我希望你可以有点儿改变。"

使用"你"："你想去度假，但是你都不收拾行李。"

使用"我"："我等不及要去度假了，但是今年我不想自己收拾行李，太累了。"

24

生活导师艾曼纽的建议

艾曼纽是两个孩子的妈妈。孩子小的时候，她是一个全职妈妈。从全职妈妈成功转型为个人发展导师之后，她做起了她最喜欢做的事情：发掘潜能，和心灵对话，倾听和提供帮助。她帮助过许多初为人父母的夫妻，她的意见对你会非常有价值。

了解彼此之前，先了解自己

为了更好地了解彼此，你需要花时间来了解自己。在快节奏的生活中，我们会迷失自我。了解自我，就是回忆自己以前喜欢做的事，年轻时想要做的事，以及自己的愿望和价值观。这也意味着要理清哪些事是自己愿意做的，哪些是要分配给其他人做的。你可以单独完成此工作，也可以与专业的心理学家或生活导师一起完成。

这周，你要制订一个分配精神压力的计划。

如果一个人习惯了掌管所有事情，那么，他该怎么做分配呢？

在做出选择之前，你一定要问自己一些问题。例如：这对我有什么好处？把我的工作分出去，我能得到什么？我会失去什么？省下来的时间我能做什么？把工作委托给我的家人能给他们带来什么？

一旦我们花点儿时间来回答这些问题，也许到目前为止取得的所谓"平衡"将无法维系。精神压力分配计划是重新定义事情轻重缓急的一种方法。虽然改变现状会让你心生不安，但是没关系。意识到精神压力也就意味着你会少一些负罪感，并做出明智的选择。

怎样更好地摆脱无法做所有事情而产生的罪恶感？

首先，如果我们花点儿时间思考精神压力在我们生活中的地位，理解它的含义并重新确定我们的愿望，那么罪恶感就会消失大半。其次，我们也可以选择以不同的方式看待同一件事情，不说"我做不到一切"，而是更确切地说："我对我的孩子有足够的信心，这样可以帮助他们成为对自己的境遇和生命负责的人！"这一切都是观点问题。

如果只有一条建议可以更好地分配精神压力，那会是什么？

敢于为别人留出空间，让他们做自己。

问自己正确的问题

在选择你关心的事情和你再也不想过问的事情之前，你需要思考，并问自己几个问题：你有什么期望和要求？这会对你的家庭产生什么样的影响？……问自己问题是件很有趣的事情。如果你手里拿着这本书，那么我认为，你一定想要接着读下去。

在前面，我们的生活导师艾曼纽问了我们几个问题，在我看来，这几个问题不仅可以加深我们和家人之间的了解，而且可以让我们更好地了解自己的期望。尝试着放空自己的思想，在一个安静的环境中思考这些问题。这是本周任务的起点。

如果一切都由我来做，我能得到什么？

试想一下，如果家里所有事情都由你来做，你可能会感到很高兴。你的房间收拾得整整齐齐，布置得很精致，你的朋友喜欢来你家吃饭……这一切都让你感到满足，感到充实。

如果把这些事分出去一些，我能得到什么？

想一下处理所有家庭事务需要消耗的时间和精力。除了家务，你能做些什么其他的事情呢？这些事会令你高兴吗？

我会失去什么？

如果把家里面的负担分出去一些，你会失去什么对你很重要的东西吗？

把工作分配给家人，会对他们有什么影响呢？

你可以看看对你的爱人和孩子的影响：他们得到了更多的权利、自由，感觉自己有用。这会不会加深你们之间的感情呢？

如果你把这些事情都想明白了，那么就把家庭负担分给家人吧。现在是时候做出选择啦！

忘掉完美

注意：完美是不存在的！有一座无可挑剔的房子；生活在里面的孩子很干净，他们举止得体，乐于助人；家里很整洁，冰箱里装满了优质的有机食品；干净的衣物整齐地收在衣橱里面；脏衣服总是能及时清洗和晒干（这可能要归功于晴天里的微风）。

上班从不迟到，甚至要早到一点儿，以便有时间查看客户的资料；税款都已按照审计年度进行申报、缴纳并归档；夏日旅行之前，会提前十天准备好行李；家里没有争吵，甚至家人的说话声音都不会比对方高；门口的平台上养着牡丹花……

不，不，不！完美根本就不存在（或者只在朋友圈里存在）。为了减轻精神压力，让自己抽身，首先就必须接受不完美。

方法很简单！你不可能在所有地方都发光发热，追求完美的结果只能是徒劳。在你之前已经有人试过了，都碰了一鼻子灰。

接受迟到。有时候完不成任务，累了，效率低或者情绪差，就坦然接受，因为这也是向减轻精神压力迈出的一步。

真的，你不可能完美！

我想，你已经尽力了，用你的方式、你的情绪——最重要的是——用很多的爱，还有幽默！

这已经很好了。

对不同的人，要有不同的要求

本周在分配任务的时候，有一件事要考虑一下，那就是对不同的人要有不同的要求。如果你已经结婚了，那么这个问题肯定已经显现出来了。

要让每个人都满意，并且持续下去，你们就必须一起努力。直接、诚恳地说出什么事你们可以容忍，什么事让你们烦恼，什么事让你们抓狂。你尝试过和家人讨论这些问题吗？这听起来有点儿愚蠢，但我们通常被困在这里。我们一起生活，却不够了解彼此。你有没有发现，一旦家里面有争吵，一般都与家庭琐事有关。

一些我见过的例子：

· 一个人把客厅弄乱，然后到外面去享受好天气，而另一个人如果不收拾好，就无法离开房间。

· 一个人没办法把没有熨过的衣服放进衣橱，而另一人却可以穿着皱巴巴的T恤自得其乐。

· 一个人想要孩子们一直保持整洁，而另一个人却喜欢让孩子们玩儿的时候弄得脏兮兮的。

妥协和放手

夫妻之间就是要妥协。我经常听到这句话，相信你一定也是。这句话用在这里再合适不过了，因为在这4周里，你所制订的一切都需要妥协、讨论，接受质疑。我一直认为，妥协就是爱的证明。走向对方，伸出手，而不是不情愿地让步。为什么不换个角度思考呢？

摆脱我们的习惯，去享受生活，完全信任对方，相信对方能做好，不在乎其他的东西，这是多么美好！

和孩子相处

怎样去教育一个经常和你唱反调的孩子呢？当你希望他做作业时，他却只想着一件事——怎样在海盗奇兵入侵时拯救宇宙，你要怎么做呢？

还是要妥协、放手。你要思考对你来说什么是不可商量的，什么是可以放弃的。孩子们也一样。如果你冷静地和大家一起讨论，那么妥协就会自动找上门。

分享与选择

如果你回想一下上周在脑海里盘旋的信息，就会发现信息量是巨大的。事实上，你不需要再独自承担这些精神压力了，你们马上就要在家里面重新分配这些任务了，每个人都有份儿！

到了你与家人一起思考的时候了！写下你们选择要承担的事项。注意，要写下自然地出现在你们脑海中的，而不是你们必须承担的事项。

	家人	我
想做的事		
想考虑的事		

在此写下受时间限制以及出于义务，不得不由你们负责的事情。

	家人	我
有义务做的事		
必须要考虑的事		

在这里写下你们不想做或不想考虑的事。

	家人	我
不想做的事		
不想考虑的事		

在这里写下过去这些年你强加在自己身上，但是现在不需要再做的事，也就是家人可以代劳的事。

我的家人能做的事

做和想

这是思维方式的问题。

必须去买东西；出门之前必须晾衣服；去度假之前必须做好预订，以防措手不及；必须和医生预约；必须做……；必须想……

	家人	我
做： 所有重复的工作（洗脏衣服，开机器，批作业，倒垃圾……）		
想： 预测和规划（找人照顾孩子，告诉保姆我们要迟到了，计划为周日的野餐买东西……）		

显然，"做"与"想"非常了解如何相互结合，并奇迹般地产生行动和想法，否则就不那么有趣了！

如果我们改变一下思维方式呢？不要说"我必须给植物浇水"，而是说"我一定要想着给植物浇水"。

不要说"你必须去晾衣服"，而是说"衣服洗好了，需要晾一下"。

要更好地分配精神压力，还要改变你不经意间给自己或他人的暗示。

小试牛刀：挑出这类话，并予以更正。

每个人的精神负担

在这"动荡"的一周中，我们要思考想保留什么，实际上就是要决定我们想承担什么，想放弃什么……现在，我有一个好消息要告诉你。

我们是否可以考虑一下，让每个人都处理自己的事儿？工作和约会，保持美丽和健康……所有这些，我们都不用再讨论了，这些都是每个人自己的事儿，对吧？

不要笑，到现在，有时我还要给爱人约理发师。是条件反射，还是形成了习惯？不管怎么样，这都很好摆脱！健康、美丽，这是每个人自己的事儿，应该由每个人自己来做，这样大家都会很开心。

对于某些极个别的情况，来吧，你可以帮忙！

- 你的爱人在火星工作。
- 你爱人的工作需要倒班。
- 你的爱人是总统（谁知道呢！如果是这样的话，他的理发师就会自己找上门，也就不会存在这个问题了！）。
- 你的爱人在亚马孙河深处。

本周的创意食谱

夏娃的疯狂三明治

今天晚上你要做饭吗？是否已经厌烦了要计划好一切，是否已经不想去购物了？别担心，夏娃发现了一个好办法，可以拯救原本令人沮丧的一顿饭。今晚，我们就来做疯狂三明治！

我非常喜欢简单的饭菜，因为不会占用过多的时间，在工作累了一天之后可以让人放松。

为什么不在家里开一个疯狂的面包晚会，让家人做好准备呢？

下面是食谱，为了让自己享受这个时刻，你需要准备：

主料：切片面包（全麦）

酱料：牛油果泥、沙丁鱼泥、韭菜泥……

所有你喜欢的配料：鸡蛋、小萝卜、黄瓜、小虾、鲑鱼、青豆、南瓜、圣女果、牛油果、甜菜根等

剩下的就简单了：在烤面包片上铺上一层酱料（不铺也可以），然后按照自己的口味制作。夏娃的秘诀是用鸡蛋做蝴蝶，用圣女果做翅膀，用小萝卜做老鼠，用鲑鱼做小兔子。这道快餐马上就能做好，不需要开火，不需要烤箱或盘子，一点儿也不费事儿。

总之，我们都喜欢这个创意。

这个创意最重要的一点是可以迎合所有人的口味。配料表只是一个参考，你可以选择家人喜欢的食材。

重新安排时间

在这个快节奏的社会中，时间已经变成一种稀缺品。我们在时间后面不停奔跑，试图赶上它……我们总是缺时间，不管是做父母的、单身人士、学生还是退休人员，都缺时间！也正是时间让我们陷入一个地狱般的旋涡，我们总想要更好地分配时间。

工作中的精神压力遇到假期就会消失不见，但家庭精神压力从来不会消失。这也是它让人感到压力巨大的原因之一。为了能够长期承受这么大的压力，你需要知道怎样去管理休息时间，也就是让精神压力循环往复（消失—回来—消失—回来）。

好主意

为了更好地承受这些超负荷的负担，为什么不与爱人共同打造完全休息的日子呢？当一个人脱离日常生活时，由另一个人来接管，反之亦然，最好的办法是一起做！（但是，不要贪快，慢慢去适应！）

时间亦"敌"亦"友"，管理好时间才能让自己从过大的精神压力中抽身。

下面这些问题有助于你管理时间。

· 我怎样减轻这项工作，让它不那么耗费时间呢？

· 如果我无法在一分钟之内做完这项工作，而是需要一个月或者一年才做完，有关系吗？

· 工作的优先顺序是怎样的？

让事情脱离原有的环境，把它放到一个更大的背景之中，你就会慢慢摆脱某些习惯，在家里找到更好的平衡。

写下三个当下你很容易就可以推迟的任务。

1. ....

....

2. ....

....

3. ....

....

家庭会议

这个环节很简单，大家坐在桌子旁，讨论做得好的事情和不顺利的事情。每个人轮流发言，每个人都有发言权。如果有冲突，大家就一起寻找解决方案。

找到彼此

我们的生活如此忙乱，以至于我们在奔跑时找不到彼此。周末喝点儿开胃酒，举办一场聚会，会让家庭关系更加和谐。相信我，结果会令你惊喜！

积极主动

如果孩子还不习惯，你可以和他解释接下来会发生什么，当然是以非正式的口吻。例如，"你最近几天表现得很好，我很高兴。""你自己主动把垃圾倒掉了，真是太棒了。"

说出来，才能更好地分享

谈话时采用第一人称"我"，这是一次亲切的交流应具备的基本要素之一，不论是对自己还是对他人都是这样。谈话，提出不同意见，就事论事地辩论，真实地表达自己的感受……所有这一切都预示着一种健康和平的家庭关系，在这种关系中，每个人都有表达自我的权利。

家庭会议会让每位家庭成员都觉得自己与这个家庭是紧密相连的，并应当承担相应的责任。如果你陷入困境，一定不要犹豫，试试这个办法。

倾听，不做评判

在这个环节中，每个人都要发言，目的是为了分享观点和认真倾听，而不是评判。

"我很生气，因为我得一直收拾你在客厅乱放的玩具。""我感觉你把工作看得比家庭重要，我很伤心。""在无聊的时候，我希望可以和你下盘棋。"

当然，孩子们可能会说，炸薯条他们没有吃够，他们希望可以开更多的睡衣晚会，而成年人的期望则会更严肃些。不过一定要谨慎，因为信任很重要，只有互相信任，事情才会向更好的方向发展。

做出决定

如果一切顺利，就开始给每个人分配任务吧！看看有哪些地方可以改进。记住，集体做出的决定要比强加的任务更容易遵守和完成。一定要写下来，作为一个约定，以便日后可以拿出来参考。

奥利维的例子

奥利维，已婚，是一个七岁小女孩的父亲。奥利维一直致力于亲子关系、两性关系的研究，因此他的例子真的很珍贵。

你在家里和爱人讨论过精神压力的话题吗？

就像很多事情一样，对于精神压力，我们通常认为倾听和对话是唯一的选择。但是，我们有时要小心另外一种"专制"：夫妻之中可能会有个人说，女人必须做家务，而男人必须做饭，这种传统观念可能会压垮夫妻中某一个人。

因此，我们必须学会有意识地考虑每个人的专业和时间。我们希望达成的目标是两个人都能放松大脑，能一起享受美好时光。重要的是，每个人都自愿参与，而不是在忍受另一个人的折磨。虽然达到这种理想状态很难，但是，我们渐渐学会了相互倾听，知道什么时候对方需要我们的帮忙。所以，我们正在进步。

女性的精神压力高峰期通常出现在第一个孩子出生时，而男性的则通常出现在找到第一份工作时。所以男性和女性的压力高峰期是不同的。你从中得到了什么启发？

这个理论有点儿片面，忽略了不同的情况。一方面，就我的家庭而言，我的生活并不存在这样的情况。我的妻子像我一样工作，我像她一样陪孩子。我们一起在生活的不同维度保持平衡，不论是工作还是家庭生活，都是如此。

另一方面，很明显，宝宝的出生大大改变了我们的习惯，打乱了我们的时间表，有时甚至把我们推向了极限状态。让我们明确一下：任务分担、时间不足和普遍存在的精神压力，这些可能是年轻父母常常争论的话题。

然而，现行的家庭模式对男性和女性造成了巨大的困扰。一方面，我感觉男人不希望女人拘泥于没有任何意义的传统观念之中；另一方面，主流的社会意识（甚至包括很多女性），都会不经意间流露出对传统社会和家庭模式的认同。同时，不得不承认，大众一直都认为女人是家里的主人，所以我们会经常陷入这种传统模式与自身愿望的矛盾之中，难以用自己认为合适的方式生活。

意见不合怎么办?

理想的情况是，家庭精神压力可以得到很好的分配，每个人都承担自己的那一份，每件事都很容易做决定，这样的话就太好了！但是，在现实生活中，往往不是这样的。事情的轻重缓急不同，家庭成员的性格、观念、职业不同，这些因素都会变成一种阻碍，然后你就会反对某个人在某个地点和时间做某件事。我们要学会给彼此时间，让每个人都找到自己的位置。

下面是一些解决"意见不合"问题的关键点：

1. 确定这是不是维持家庭运转必须要做的事情。
2. 先放下这件事，之后再去解决。
3. 尝试着进行沟通。
4. 试着解释你为什么不同意，让对方理解你。
5. 不要忘了留言。
6. 提醒自己，你在这件事情上可以做出让步。
7. 出去转一转，回来之后再冷静地讨论这个问题。

自我审视时间

在这一页，你可以放飞自我，随便写，写什么都可以：让你害怕的词语，你喜欢的鸟类的名字，任何让你烦恼、让你生气、让你火冒三丈的事······

字迹可以潦草，可以涂抹，可以用任何字体，也可以用拼音。

再也装不下去了

真受够了

你想过我的鞋子吗？

我做好了你爱吃的菜

精神压力

我的T恤在哪儿？

父母与孩子的故事

很显然，我不能用完全相同的方式和不同的孩子交流。我必须要让自己适应他们每个人。

我的儿子萨沙已经长成了大男孩，最近成熟了很多。他马上要小学毕业了，心里会有一些害怕。他也有了自己的烦恼，虽然是很小的烦恼。

最近几周，我一直在想办法缓解他成为青少年前的心理恐惧，温和地帮助他从儿童时期过渡到青少年时期。时间过得太快了，快到让人难以置信。

之后我又跟他讲"人生的宏伟蓝图"，他要确立自己的梦想，制订自己的计划，还有设定想要完成的目标。我建议他把这些一直记在脑中，或者放在心中，来鼓舞自己。

我并没有向他隐瞒，坦白告诉他会遇到烦恼、疑惑和困难，但是我向他保证，他一定可以找到办法，去排除这些成长道路上的障碍。就像芦苇在风中摇曳，却从不折断；就像树根遇到石头，总能绕过去找到自己的路。他会找到自己的办法，永远都会。

对他来说最重要的，是设定自己的目标，找到未来的方向。

他现在已经到了要看清生活不是那么顺利的年龄，我想要让他做好准备。未来他会遇到考验、失败、失望，这都要他一一克服。

然后，我向他保证，如果他不小心摔落，父母的双手会将他接住。如果他犹豫或者疑虑，我们会用心去倾听，并给他建议。

我还告诉他，得到一直期盼的成就，会是多么开心；看到自己的付出得到回报，会有多么满足。

我感觉他松了一口气，他的手握住了我的手。他用这种奇特的方式告诉我，他懂了。

萨沙，不要害怕，只要心中有梦想，你就是最棒的！

去实现你的宏伟蓝图吧！

第2周回顾

在这一周，你是不是发现了一种沟通模式，让你可以把内心深处的想法不带任何敌意地表达出来。这是一笔宝贵的财富，会让你在分配精神压力的过程中受益匪浅。

你已经了解了每位家人的期望，做出了选择，以便进行更好地分工。你一定已经对家庭精神压力有了更清晰的了解。经过这两周，你不再需要一个人面对这些压力了。这是伟大的进步，你应该为自己感到骄傲。

继续前行吧！

在这里写下你对第2周的感受。

> 哪些事情做起来困难？
>
> _____
>
> _____
>
> 哪些事情做起来容易？
>
> _____
>
> _____
>
> 有什么事是还可以改进的？
>
> _____
>
> _____
>
> 目前感觉如何？
>
> _____
>
> _____
>
> _____

为家庭
创造工具

第3周的目标

既然你已经让家庭的精神负担变得"触手可及",并且为每个人分配了适合他的任务,那么恭喜你,你已经迈出了一大步。第3周,你需要将所有这些努力都付诸实践,尤其是要"具体化"。思绪容易飞逝,习惯常常回到原地,但文字可以久存,就让我们用文字记录下一切吧!

这一周将是实现独立自主的伟大时刻,因为通过家庭成员们共同的努力,你不用再打电话安排芭蕾舞课的时间,不用再独自收拾孩子们的书包……总之,这周,你要为整个家庭成员制订计划。

要尽可能多地制订一些简化生活的计划,并尽可能多地停止重复出现的"垃圾任务"。

小贴士

当然,我们要让所有家庭成员都参与进来。你会发现,孩子们也有他们自己的精神压力要处理。

时间不足的直接后果是只能做最重要的事，没时间做其他事情，更没时间做自己喜欢的事情。

——施耐德·奥瑞拉（精神科医生）

一个人坚持太难？
跟姐妹们一起互相勉励吧！

制作和使用卡片

在接下来的时间里，你要学会制作各种表格和卡片。你可以自己制作，可以用书上现成的，也可以按照实际需要修改……总之，你会找到灵感！如果你严格按照我说的做，很多事情就会事半功倍！

不要担心。这些表格和卡片都非常容易制作。而且，一旦使用这些卡片，卡片上链接的所有任务将不再出现在你的脑海中。这是人类迈出的一小步，却是你迈出的一大步！

让孩子画出自己的表格，写出自己的任务，这样他们就可以更好地参与其中。他们只会比我们效率更高。

制作卡片要用到的东西

为了制作工具，别忘了收集一些需要用到的东西：不同颜色的卡纸、马克笔、荧光笔、便利贴、胶带、铅笔、格尺、橡皮，还有笔记本。

下面是一些技巧，之后我们再回到主题。

最简单的办法是把需要的表格多复印几份，并提前准备好。你也可以去定做一些。同时，别忘了把要长时间保留的表格做得厚一些。

周 报

做周报的根本目的是为了能够做更好的安排，对每一件事都了如指掌。可以使用彩色荧光笔，使其更加个性化，更符合你的风格。

周 一

周 五

周 二

周 六

周 三

周 日

周 四

好主意

不要忘了写上课外活动，以及固定的和临时的会议。

家用电器

使用洗衣机是不可避免的。

洗衣机

使用注意事项

1. ....
2. ....
3. ....
4. ....
5. ....
6. ....

没有比烘干机更方便的了，但使用时要注意安全。

烘干机

使用注意事项

1. ....
2. ....
3. ....
4. ....
5. ....
6. ....

使用烤箱的秘诀是什么？

烤箱

使用注意事项

1. ....
2. ....
3. ....
4. ....
5. ....
6. ....

让你有更多的理由不用洗碗。

洗碗机

使用注意事项

1. ....
2. ....
3. ....
4. ....
5. ....
6. ....

按照这个模式，你是否会做其他卡片了呢？比如电视机、热水壶、空调、电表、打火灶……看一看家里有什么电器，将使用注意事项写在卡片上。

健康信息

　　我不记得曾多少次上网找医生的电话号码了。其实本来不用这么麻烦，我只要记在手机里，或者一劳永逸地写下来，这样全家人都能找得到。

　　我还记得父母有一本"黑皮书"。它是一本简单的姓名地址簿，可以记录所有信息。其实这不仅仅是一个电话记录表，它可以帮助你更直观地了解你需要做什么。

电话号码

医生预约

疫苗

重要的日子

一些实用的表格

财务

银行信息和账号，这些都需要牢记。给每个账户单独做一张卡片。这种信息卡涉及个人隐私，可以把它放到收存证件的地方，这样在需要时，人人都能找到它。

汽车

这些信息不是那么有趣，但是很有用。如果汽车坏了，你要给谁打电话，先给谁打，后给谁打……都在这里写下来，这样会让自己的生活变得更简单。

便签

贴在显眼的地方，写下所有对你有用的事项，这样可以提醒自己，也方便分享信息！（列出亲戚、朋友、医生的联系方式，紧急待办事件，还有学校的相关事项……）

财务

汽车

便签

每周的菜单和购物单

"我们今天吃什么呢？"只要列出一份菜单，再配上一张购物单，这个问题就可以解决了！不再有考虑每天吃什么的压力，这对你来说绝对值得开心。最重要的是，家庭成员可以轮流准备饭菜。

菜单			
	早餐	午餐	晚餐
周一			
周二			
周三			
周四			
周五			
周六			
周日			

购物单	

本周的
创意食谱

去年夏天，我在微博上上传了香蕉蛋糕的制作方法。这绝对是一款美味的蛋糕，能赢得所有孩子的喜爱。它松软、可口，不仅孩子爱吃，大人也爱吃。今天我要教给你的做法有一点儿变化，是款玛芬蛋糕。你可以和孩子一起做，因为有很多步骤他们也可以参与。

原材料（可做15个）：

黄油130g

鸡蛋2个

白糖50g

全蔗糖50g（可以用红糖代替）

酵母粉1袋

熟香蕉3根

未成熟的香蕉1根（用来做装饰）

面粉210g

盐适量

1. 烤箱预热到180℃。

2. 将黄油融化，备用。

3. 在容器中将鸡蛋和所有的糖混合。

4. 取两根熟香蕉压碎，第三根熟香蕉切粗片。与步骤3的混合物混合。

5. 加入融化的黄油、面粉、酵母粉和盐，混合均匀。

6. 将混合物加入纸杯中，烤30分钟。记得提前在纸杯中抹上黄油和面粉（如果是硅胶杯，就不用抹）。烤之前，可以用香蕉片装饰纸杯。烤至蛋糕变软，颜色变成焦糖色。待蛋糕冷却后再取出，这样会更好吃。

小提示：加点儿巧克力会更好吃哦！

拥有属于自己的时间：什么都不要想

本周，建议你做一下这个特殊的练习；这听起来简单，但还是需要一点儿培训。

当你下班回到家，脱掉鞋，放下购物袋、钱包还有车钥匙之后，不要马上去忙，先选择一处安静的地方坐下，比如你的房间、阳台、床上；或者浴室的地板。什么都不要想，就这样坐10分钟。

完全放空自己。忘掉那些争吵，忘掉那些虚度、流逝的时光，忘掉时事新闻，忘掉和老板的会面，忘掉闺密来电话告诉你她刚刚离婚的事儿。把自己的思绪与这些让人焦虑的新闻、外界的喧闹声隔离开。忘掉一切，大声地反抗，因为思绪很难控制。然后逐渐让冷静占据自己的身心。

只要10分钟。

睁开眼睛，结束了……你又要回到"战场"。

小贴士

如果这对你来说太难了，那么可以先尝试三分钟，然后逐渐增加时长，有时可能需要设闹钟。这么做的目的是让你拥有真正属于自己的时间。

利用网络工具更好地记录

如果你喜欢上网，习惯把所有信息都放到网上，下面就是为你准备的网上记录方法。

这个方法也适用于经常出差、在外地工作、夫妻分居的情况。

把所有的信息都集中在同一个地方，存储在自己的智能手机或电脑里，这样随时可以查看，非常实用。

电子日程表。 网上能找到很多电子日程表。这是一种很好的工具，可以在上面分享每个月或者每年的重要事项，记录你的日程、学校的假期等，操作简单，修改方便。有些日程表还可以合并，能看看是否有冲突，或者是否有什么问题。

确保数据保密，并且只对自己可见。可以选择一个你比较了解的APP（智能手机的应用程序）或者云盘，不要使用有风险的软件。

云盘。 把文件存到云盘中，以便更好地对家里的事务进行管理。可以把文件扫描后放到同一个文件夹里，方便随时查阅，是不是很省时间？

设置日程提醒和闹钟。 它们也是你最好的朋友，智能手机、智能手表、平板电脑和台式电脑中都有。拥有了它们，你就再也不用担心会错过什么事情了。

为了让事情顺利进行，不要忘了告诉相关人员密码，这样他们就不用总是问你密码是多少了。

锦囊妙计

对于夫妻不生活在一起的情况，可以将所有内容整合到一起：日程表、体检预约、重要的日子（如家长会）等，尤其不要错过任何非正式的活动。

没有更好的方法，只有可以按照个人需要来调整的方法才是最好的方法。

孩子的自立

讨论分配家庭的精神压力时，我们一般都会想到让爱人去分担，却不一定马上就想到让孩子参与其中。其实，孩子带来的精神压力通常是巨大的，你一定也同意这一点。

我非常赞成让孩子参与分担家庭压力的做法，毕竟，他们和我们生活在一起，他们也会和我们一样从中受益。这样做的目的是让他们认识到，参与家庭决策的方式是做一些工作，而不是把家庭事务当作负担。这样一来，他们朝着自立又迈出了一大步。

比如，你可以说："你现在已经长大了，可以在早上的时候检查猫是否有足够的食物。"（这样，它就变成了你孩子的工作，不再是你的工作）

再比如：

· 铺床
· 用洗碗机洗碗，然后把碗拿出来
· 擦桌子
· 给植物浇水

为了让事情更加有条理，你可以填写下面的表格，写上孩子的名字，以及他需要做的事情。

姓名	负责的事项

除了上面的表格外，我们还可以和孩子们讨论日常活动。这是你可以让他们做的第二件事。可以和他们一起准备，让他们填写表格（如果他们会写字的话）。通过自己动手做，孩子会更愿意完成这项任务，否则他会觉得有些无聊。

以下是日常活动表，供你参考。这个表格要视孩子的年龄和能力填写，可以让"小艺术家"尽情地发挥哦。

日 常 活 动

这些在家庭会议中很容易完成（见p.36）。

亚历山德拉的例子

亚历山德拉在巴黎工作，她与十六岁的儿子组成了一个单亲家庭。她跟我们分享的是如何很好地跟一个青少年分担家庭负担。她的话耐人寻味！

你怎样处理家庭带来的精神压力呢？请描述一下你的日常生活。

我有一份全职工作。工作日我会准备好早餐，然后孩子自己吃，这种状态已经持续了两年。周末，我会试着结束这种忙碌的状态。他现在会自己做饭，或者点外卖。我不管孩子的房间，那是他的地盘，由他自己负责，我只需要提醒他定期更换床单。我也会提醒他，如果他用吸尘器清理他的房间，可以顺便清理一下公共的区域。如果我要求他做什么事情，他一般都会去做（整理、洗衣服和晾衣服）。我和儿子共同使用一个网络日程表。

你认为孩子长大后，精神压力会小一些吗？

我不觉得会小，只是和以前不一样了，转移到了别的事情上。

日常生活方面的事情，肯定比孩子小的时候容易多了，因为他自立了。从这方面讲，负担是减轻了。但是，另一方面，我的脑子里始终要想着时间管理、周末的安排以及学校的选择等。我觉得，我的精神压力不再来自日常生活的管理，而是转移到了更大的范围，通常都来自年度或者两年的计划。

你觉得作为一个单亲妈妈，处理家庭带来的精神压力是更容易一些，还是更难一些？

这个问题很难回答。这在很大程度上取决于离婚夫妇的背景，每个人的参与程度，以及与前伴侣之间的协议……如果你没有其他人可以指望，很多事也许更容易处理一些。但是另一方面，没有安全感，没有B计划，没有依靠，这也会让人焦虑。

在分担精神压力方面，你有什么建议？你会让你的儿子分担吗？你是怎样做的？

从幼儿时期开始，就要让孩子（不论性别）参与所有家务。我不是让他帮忙，而是让他参与，让他更独立。

孩子的信息

孩子穿多大号的鞋？穿多大码的衣服？不要再犹豫，在这里写下所有与穿着有关的事项（衣服尺码、鞋号等），还有随着季节的变化需要准备的东西。当然，别忘了按照他们的成长速度定期更新这些卡片！

孩子 1	
衣服尺码 （从上到下） （内衣内裤）	
鞋号	
换季所需	
运动所需	

孩子 2	
衣服尺码 （从上到下） （内衣内裤）	
鞋号	
换季所需	
运动所需	

家庭日报

日报是纽约设计师莱德·卡罗尔（Ryder Caroll）前几年发明的一种笔记，由于简单好用，在很短的时间内就风靡开来。

日报的制作很简单：拿一本本子和一支笔，在几分钟之内写上你的日程，还有你的想法，以及你要完成的项目。

这份日报我已经用了两年，而且从来没有后悔在这个上面花时间，去思考和安排我要做的事。在为写这本书做调查的时候，我就想以笔记的形式，给自己的家庭制作一份日报，每个人都可以在上面写上在某个时间段需要做的事情。

为了更进一步明确，可以写上你在电影院看的电影，读给孩子们的书等。你也可以在上面写上出行计划，收集每个人的愿望。这种日报的好处在于，当它变成"家庭日报"时，每个人都可以看，非常有趣、实用，而且可以按照你的需求更改。它真的是个很不错的工具。

是不是心动了？

下面就是日报的模本，你可以复制以后在家里使用。

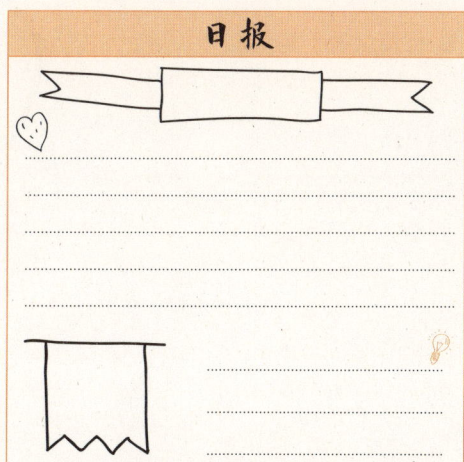

日报

父母与孩子的故事

昨天早上，我和女儿在一起，她突然决定去扫树叶。

我在等她爸爸回家，我觉得树叶待在那儿一两天也无妨。

她去拿大扫帚，这时我才发现她还穿着拖鞋。"没关系的，妈妈"，她对我说。当你四岁零八个月的时候，什么事都"没关系的"。

所以我就远远地看着她。树叶湿漉漉的，挂在她的头发上，也粘在了扫帚上。这棵大朴树丝毫没有把这个小劳动者放在眼里，继续掉它的叶子，黄色的锯齿状的叶子一片一片地飘落下来。

"不，它是故意的，不过这怎么可能呢？"

她和大树说话，好像它有灵魂一样。

一束阳光照在她的身上，在这美丽的景色中，我看着她的侧脸，看了许久。我在想，我和他爸爸怎么能创造出这样的奇迹！这对于一个三十七岁零九个月的人来说，格外珍贵。

今天早上，我告诉她会陪她度过周末，只有她和我。她说她想去看埃菲尔铁塔，并且想看看叶子是不是都掉下来了。

"我们一定会找到一张树叶床，然后用它来养兔子，当然我们也会去看铁塔。"

没有什么比坐"爸爸的火车"去巴黎更让她高兴的了。仔细想想，当你快五岁的时候，什么事情都能让你欢呼。在这个周末，树叶在风中舞蹈，整个世界都在微笑。

第3周回顾

本周，你制作了一些必要的工具，这样每个人都可以独立承担家庭事务。有些工具和表格需要使用很长时间，有些则需要随时调整。这些表格一旦完成，就会发挥战略性的作用。我甚至希望有些表格你根本用不到。

现在，希望你的大脑已经不那么"拥挤"了。看到所有事情都"躺"在纸上，是不是很有成就感？但是不要止步于目前的"小小成就"，现在正是进一步巩固、保持好习惯的时机。

在这里写下你要改进的事情、需要完善的工具等。

第4周

养成并保持良好的习惯

第4周的目标

最后一步了，胜利在望。你已经完成了最艰难的部分（请一定要和家人一起完成）。这些对你来说无法完成？我相信一定不会。现在所有事情井然有序，我们只需要坚持下去就可以了。

这是分配精神压力的最后一周，我们的目标是巩固现在的成果并养成良好的习惯。当然，不要再给自己增加压力了。既然你的大脑不会以每分钟12000转的速度运转，你就不要再给自己找事儿做了。"八楼的会计退休了，是不是要给他买个礼物？"这样的问题就此打住，好吗？

本周会比之前的三周多一些乐趣，也更加轻松。这毫无悬念，因为你在享受前三周的劳动成果。时光流逝，岁月静好。

本周，我们要花一些时间去思考，有些问题可能会重新浮现，所以要采取一些措施，以防再次被精神压力压垮，同时也要让每位家人都找到自己的位置。

请赐我平静的心，
让我接受无法改变的事物；
请赐我勇气，
让我改变可以改变的事物；
请赐我智慧，
让我能够将二者加以区分。

男人与工作

很多男人希望能够更多地参与到家庭事务中来，但是这个社会一直在向他们灌输一种思想——男人的事业才是最重要的，家庭收入主要靠他们来提供。

通过和男性朋友们交谈，我发现，他们不太关心家庭事务，更关心的是与工作有关的事情：商务洽谈、提高业绩、失业风险等。事实上，女人也要面对这些问题，但是对于男人来说，这些问题的重要性要远大于家里面的事。当然，这种说法并不是绝对的，不过真的要考虑一下这个问题。

产假与陪产假

儿子出生的时候，我在法定假期结束后就去公司上班了，同事见到我的第一句话就是："为什么你不待在家里呢？你最好还是和孩子在一起。"我很惊讶，然后问他，如果是爸爸回来上班，他是否会这样问，他的回答是否定的。这件事证明，人们在潜意识中总是觉得爸爸应该工作，妈妈就该在家陪孩子。

在丈夫返回工作岗位后，妻子就承担起了照顾孩子的责任，并且逐渐过渡成要安排家里的一切事务。现在我们能够充分地理解"年轻妈妈精神压力的第一个高峰期"了吧！

在工作中打拼

如果一个女人早点儿下班，去接生病的孩子，就很容易被大众接受，尽管这通常会对她产生不好的影响——可能会被约谈，甚至是被解雇。

意识到这个问题是一个好的开始，但是公司里男人之间的对话往往是："你妻子不能去接孩子吗？"传统社会观念认为，把家庭重担放在妻子的肩上是理所应当的，如果想让一个男人把家庭事务的优先级放在工作之上，还有很长的路要走。

男女同工不同酬

现在又回到了"谁应该待在家里"这个问题上。做同一份工作，女人赚的要比男人少，所以这笔账很容易算。但随着人们思想的进步，工作观念也在改变，这对于分担家庭带来的精神负担而言，无疑是件好事。

减少待办事项

"待办事项清单"这个词最近几年很流行。我们把待办事项列出来，就可以清空大脑内存，这是真的。一旦写到纸上，这些任务就不会来回循环，然后我们只需要付诸行动就可以了。不过很显然，并不是所有事情都那么简单。

待办事项不断增加，就会让你有一种无法在一天之内做完所有事的内疚感，那么压力就会乘虚而入，坏情绪就又回来了。我们要做的就是避免这种情况的发生。

> 今天必须洗车吗？这件事完全可以等你有空的时候再去做。下班之后不去买酱油又能怎么样呢？周五晚上购物时再买也无妨。

本周，我建议你减少待办事项清单中的任务。这可能会费一点脑筋，同时也需要更多地"放手"。要循序渐进，你可以先试着每两天删除一项任务。不要犹豫，去掉一些对你来说不重要的事儿吧。

还有，找到一个你无限次拖延的任务，今天就把它完成。这样，这个任务就不会再在你的待办清单中出现，你就不用一直有内疚感了！

如果你没有找到可以去掉的任务，可以尝试将其中一些任务缩短。看看是不是可以把其中一些任务分组，一次性把某一组的事情一起做完。渐渐地，你会很容易找到新的策略。

还有一个方法：把一项复杂的任务分成两半，今天做一半，明天做另一半。这在日常生活中或者学生做作业的时候很容易做到（你甚至可以把它分成好几份，在几天内完成）。事实上，你看待它的角度会影响你的心情：已经完成了一半，总比一点儿都没有完成要令人开心。

> 我在写下这些文字的时候，也觉得应该从自己的清单中删掉一项——叠衣服和收衣服！我已经有三天没有把洗完的衣服收进衣橱了，都是从衣篓里直接拿出来就穿。我准备第四天也这样做，不过我家并不会因此而暴发"家庭海啸"。这样，我就赢得了美妙的30分钟。

释放压力的20个小贴士

如果你觉得自己由于种种原因马上要失控，那可以花一分钟或者几分钟的时间，从下面的清单中选出几项来缓解压力，重新定位自己，然后重新开始。

- ☐ 深呼吸
- ☐ 从0数到50，再从50数到0
- ☐ 在草地上光脚走
- ☐ 点燃一根蜡烛
- ☐ 拥抱某个人
- ☐ 出去转转
- ☐ 按摩自己的太阳穴、手和脚
- ☐ 洗个澡
- ☐ 去看看大海
- ☐ 摸摸你的猫
- ☐ 吃一板儿巧克力
- ☐ 大声地唱歌、跳舞
- ☐ 把热水浇在肩膀上
- ☐ 闭上眼睛，想象自己正待在一个自己喜欢的地方
- ☐ 在一张纸上随便画一些花儿
- ☐ 打坐
- ☐ 冲一杯热茶
- ☐ 抬起头，看看星星、天空、大树和云朵
- ☐ 把手机放在另一个房间
- ☐ 赏花

除了这些以外，你还可以找一些其他你喜欢的减压方式……所有这些事情看似微不足道，效果却很好。过多的压力会干扰你的判断，长此以往，你会陷入困境。用简单的日常行为去摆脱这些压力，是我们能给自己的最好的礼物。

接受彼此的不同，相信彼此

男人和女人生来就不同，这对任何人来说都不是秘密。因此我们不会用相同的方式做事，这很正常。在日常生活中，一个人做事的逻辑不一定适合另一个人。但到最后，我们得到的结果可能是一样的。那么，过程不同又有什么关系呢？

这一点在很多事情上都有体现。打扫卫生、管理危机、开车、叠衣服、收拾碗碟或者摆桌子……请你冷静地想一想，事情有没有按照你的方式去做有那么重要吗？衣服洗得不干净吗？你没有安全到达你要去的地方吗？

对于孩子的教育也是一样。为了不让自己内疚，在出门之前你会提前准备好孩子的衣服，然后把要做的事情都详细地列出清单，但是为什么不直接走，相信你的另一半呢？你可能曾经把孩子托付给你信任的人，也许他们没有按照你平时打扮孩子的方式给孩子打扮，也许小辫子扎得也和平时不一样，也可能孩子在饭前没有洗手……但是只要你回来的时候孩子是快乐的、健康的，这些又有什么关系呢？

这就是能不能放手的问题。我知道放手很难，但是想一想，这样做你能得到什么好处吧。你可以轻松地离开，不用提前写那么长的清单；你可以享受不被孩子打扰的独处时光；你可以做一些你平时没有时间做的事。而且最重要的是，你可以让另一半展示出他对你来说多么重要。千万不要对另一半妄下定论，或者心存疑虑。

通过相信另一半，你可以减轻自己的压力，也可以有更多的时间，同时也能带着轻松的心情回家。当你看到孩子健健康康的时候，你的心情会更加轻松。

以前和现在

一百年以前，你要提着装满了脏衣服的篮子，和村子里的其他妇女一起去洗衣服。你要花整个上午的时间来搓洗、敲打全家人的衣服，才能洗得干干净净，否则就要忍受长辈责备的目光。洗完之后，无论多冷或者多热，你都要把衣服一一晾晒到外面，然后，还有无穷无尽的家务活在等着你。

现在，如果你的洗衣机坏了，你会不会觉得世界末日就要来临了？只要把脏衣服丢到洗衣机里，你的洗衣任务就完成了。洗完之后，洗衣机会发出响声来提醒你。有时候你可能也不愿意去晾衣服，没问题，把湿衣服放到烘干机里就解决了。只有叠衣服和收衣服才需要你动手。

一百年前，你要离开家去田里干活，而这个时候全家人还在家里睡觉。你在田里翻地、播种……要工作一整天。竹筐太重了，压坏了你的后背。夜晚你休息的时间很短。

现在，如果不想错过早上七点二十八分的地铁，你就要以自己的极限速度穿上衬衫。最小的孩子生病了，你整晚都没有合眼。下班回家，在地铁上被挤得像一条沙丁鱼，你感觉很累，筋疲力尽。回家之后，你在桌子的一角坐下，可是孩子的病还没有好，你知道，这个夜晚将会很长。

过去，你如果想去某个地方，可以搭乘邻居路易斯的雪橇，他会很高兴让你用一只母鸡作为回报。现在，你的车就停在房子外面。你已经忘记了使用自动售票机的时代，现在已经进入了电子时代。忽然间，你的思绪又转向了整个地球，觉得下辆车一定要买电动车，这样可以为保护环境做出一点儿贡献。

现在你要发两条信息：一条给保姆，告诉她你要迟到了；另外一条给闺密，告诉她你路过一个橱窗的时候看到了你梦想中的裙子。你和时间赛跑，开着自己的小车，你的生活正在全速前进。

从过去到现在，我们取得了巨大的进步。不过还是有很多事情要做，不是吗？

挑战：一整天不在家

说到"放手"，我为你准备了一个挑战！

如果你离开家一整天，不留任何指示，不做任何与自己无关的计划，会怎么样？只有你自己，其他的什么事儿都没有！这个计划是不是很吸引你？想象一下：在这梦寐以求的一天里，你会做些什么？

这一天不要安排任何计划！我知道，这说出来很容易，做起来却很难。不过这是给你的一个挑战，一定要挺住！早上离开，告诉家人一声，然后尽情享受自由吧！

下面是一个并不非常全面的"不要做"清单。

☐ 不做饭

☐ 不购物

☐ 不准备衣服

☐ 不取消与校医的预约

☐ 不检查作业

☐ 不在离开前把衣服扔进洗衣机

☐ 不去管孩子们是否刷牙

☐ 不摆放沙发坐垫

☐ 不老想着开窗

☐ 不熨不属于你的衣服

☐ 不铺床或者打开百叶窗

☐ 不去想要买卫生纸了

☐ 不去想地毯要洗了

晚上回家后，写下你的感受，以及你觉得可以改进的地方：

_____

_____

_____

_____

_____

_____

世界依然在良好地运转。

避免陷阱

在过去的4周里，你完成了很多事情。日常生活变得和以前不同了，每个人都承担起了自己的责任，分担了家庭的重担。一切就像钟表一样有规律地运转着，但是有时也要注意一些小的陷阱。这些陷阱会拖慢你的脚步，甚至可能会把生活打回原形。

我们前面介绍的唤醒家人的意识、信息的分享以及工具的使用可能已经改变了你的生活。你的生活变得井然有序，每个人都知道自己要做什么。但是要小心，不要扼杀别人的主动性。

"不是我负责洗衣服，但是既然我看到了，为什么不顺便把衣服洗了？"

前面给你的建议都是去建立一些习惯，这些习惯有助于改变你的困境，但是我们不应该阻止家人的创新。正相反，我们要鼓励他们创新。

说到这，还有一点大家要注意，就是放手让别人去做，不要插手。前面已经讨论过了，当你的爱人或者孩子做事情的时候，如果你去插手，可能会适得其反。另一个人可能会很生气，然后就不想再做这件事了。这样做很愚蠢，不是吗？

下面就是我的例子，看一下在衣服不是按照我所希望的方式晾晒的时候，我是怎样做的：我跟他们解释了几次，如何放置夹子，才能使其尽可能少地在衣服上留下痕迹，以及如何优化晾衣竿上的空间。现在，我都为他们的工作成果感到惊讶！晾干的衣服非常平整。这是一个很简单的例子，但是很说明问题。代替他们做并不会有什么效果，跟他们解释怎样把事情做好，然后放手让他们去做，才是最有效的方式，你会看到效果的。很明显，这种情况几乎对所有家务都适用。

最后需要注意的一点是：要形成习惯，并将其渗透到生活的每一天。家人偶尔做一做家务，可能会觉得不错，但是如果需要长期坚持，可能就会出问题。一定要定期讨论你们共同制订的任务分配计划，适时互换角色，来重新安排各自的生活，让大家都能从中受益。

别忘了复习前面的内容，去看一看都有哪些好主意。

故态复萌，如何是好

如果你感觉家里很乱，自己又开始列一些无法完成的事项清单，每天晚上睡觉时都在想着自己明天没有办法做完所有事情，那么就又回到了原来的状态。不过不要慌乱，按照下面的建议去做，你很快就会回到正轨。

先看一下有哪些错误。

如果需要，可以尽情地哭。

马上开始沟通。

召开临时家庭会议。

对前面的表格进行更新。

给自己一个晚上的时间独处。

尽情享受这美好时光。

赞美自己所做的一切。

不要忘了用第一人称说话以及积极聆听的重要性。

采纳在这里看到的"反常规"建议。

故态复萌很正常，不过相信你现在已经准备好了一切，事情很快会变好。别泄气，加油！

本周的
创意食谱

来一次野餐吧!

在周末或者家庭聚会的第二天,我偶尔会去野餐,以此来庆祝假期的开始。在客厅里野餐吧!我喜欢这种反常规的主意,这样你就可以不用为晚餐吃什么而烦恼啦。

这个很容易实现,我们拿出来一大块格子花布铺在客厅里,然后就可以把东西从冰箱里拿出来,直接开始野餐啦!

还有一些想法:

把下周的饮食也顺便安排一下:蛋饼、沙拉、清蒸蔬菜、冷烤……

我们可以用手头的食材,重新诠释并做出新型野餐之王——俱乐部三明治。

我们讨厌下周只吃面包片的想法。

可以安排一顿时髦的野餐,让孩子们感受一下第一次喝鸡尾酒是一种怎样的体验。
(孩子们肯定很高兴!)

用生蔬菜做维生素饮料一定也不错。我们还可以即兴制作一盘熟食加奶酪,美味又营养。

这是一个让你内心充满甜蜜的夜晚,你不用煞费苦心地去准备那么多东西!尽情享受这美好的时刻,和孩子们一起欢呼,或者,带上你的朋友们一起?

我妈妈的例子

我妈妈叫伊瓦娜，和我爸爸结婚已经有45年了。她现在已经退休，退休之前是一名教师。我接下来请她谈一谈她的精神压力，同大家一起分享。

您曾经感受过"精神压力"吗？

"精神压力"一直压在历代女性的身上：我的祖母、我的母亲、我，当然，肯定还有你。我很早就已经意识到了这一点，或者可以说，我就是在精神压力中度过的——在我刚刚成家的时候。不仅如此，我还经常讨论这个问题。我不止一次地想到或者说起："我已经厌烦了所有这些责任，厌烦了要一个人考虑所有事情……"

我现在已经不再和您还有爸爸住在一起了，那么您现在感觉精神压力小点儿了吗？还是一点儿也没有变小呢？

你离开家去上学的时候，确实小了一点儿。当然，我不用再去关心你的作业、考试、营养、爱好、上学、放学等事情。不过即使你不在家里住了，我还是要打理家里的日常生活，还要继续管理、计划、组织、打扫卫生，还有院子里的事儿也要操心。

我和你爸讨论过这个问题，你知道他怎么说吗？"为什么我要去想这些事情呢？你做得很好，表列得也很好，继续保持，我会听你的。"现在，我成了自己超强的组织能力的受害者！

你们尝试过分配精神压力吗？

我做了一个预约时间表，包括我们各自的预约、我们俩一起的预约。你爸负责记录。他很容易就适应了，因为一对和睦的夫妻就应该是这个样子。

我们准备了一本家庭生活笔记，每个人都在上面写上想到的事项：行政手续、需要做的事儿等。我们管那本家庭生活笔记叫"想起"。

我规定了床单和衣服清洗日。第一个想到的人就负责去做这件事。

根据我的经验、我的阅历还有我犯过的错误，我认为，我们一定要保持冷静、自信，要经常和家人沟通，并且不能带任何敌意。同时还要放弃"我是万能的"这个想法，放弃"完美女人综合征"，要让每个人都负起他应当承担的责任。

无论如何，妈妈的范例对我很有启发，我会继续思考如何更好地分配家庭事务给我带来的精神压力。谢谢妈妈！

属于自己的时光

留给自己一些阅读、发现、学习的时间吧。如果我们错过了这些时刻，那么生活里就只剩下了预约、责任、任务，我们都知道，这些事情只会让你面容憔悴。

这周我建议你可以在这页写下你学到的东西、令你好奇的事物等。开始读一本书或者看一篇文章吧。

下面的空白处就像一次深呼吸，让你的生活暂停一下。你可以制作一份并放在随身的包里，每周填写一次。这将是你的知识宝库。

列出成功事项

我们一直在讨论待办事项清单，我们错过并且不断地追赶时间，但是却很少讨论我们的成功以及我们完成的任务。其实这才是我们应该重视的。读到这里，你可能已经发现了，我经常尝试关注事物的各个方面。下面我们来做一些小练习，你会意识到，自己是一个英雄！

我建议你把一天当中做的所有事情都列出来，从最不重要的到最重要的。为了让这个练习更有意义，你一定要记得，把所有事情都写下来。

先选择工具：一张纸，一本你随身携带的笔记本，或者更方便的手机记事本。记住要马上记下来，以防忘记。

重点写你完成的事情，不要写那些你没有时间做的事情，也不要写你对未完成事情的期望或者方法。把重点放在积极的事情上，否则效果会有天壤之别。这样还不够，要用甜美的语言大声地或者在心里赞美自己。不要笑，自我赞美真的让人很欣慰，我们稍后就会讨论这个问题。

你会感觉到，在这一天当中，你所做的事儿加在一起，也不及白纸黑字写出来的更有成就感。这些事儿又被赋予了新的意义，是不是？你无疑会在一天结束的时候更好地了解自己的情绪，是劳累还是高兴，这取决于你写下的事项。

有一点我想强调：关注为自己付出的时刻，这是必要甚至是至关重要的。这样的时刻很多、很少，还是根本没有？你为你的家庭做了什么？有哪些是可以不用做的？有哪些是你本不想做的？这些问题，在第二周的时候你已经问过自己了，不过保持警惕，适时地调整自己的行为还是有好处的。

写下这一天你的感受吧。

自我"恭维"的艺术

当我们做错了事情，比如错过了一次约会，或者周末在做饭的时候烧坏了锅，我们是第一个责备自己的人。而有一件事我们经常忘记要做，那就是赞美自己。

为了更好地分配精神负担，你一定要做这些事情：说甜蜜的话语；一个任务完成后，就奖励自己一朵小花。这会让人心情愉悦，你可以继续使用这种方法。

"干得好，宝贝，你是最棒的！"

"嘿，你真的做得很好！"

没有人比你更懂得如何照顾自己。这一页就是专门为你准备的，你可以写一些积极向上的事情。

开始吧，你值得拥有！

父母和孩子的故事

今天，我的朋友带着她的孩子来我家，我给他们准备了苹果派。无事可做的萨沙正在玩转圈圈，他虽然十岁零五个月了，却还是一直长不大。

"你骑车去买黑麦面包好不好？"

我在他的眼睛里看到了开心。他从来没有花这么短的时间穿鞋。他骑上自己的车，从我手里拿走了五块钱，一溜烟儿地跑掉了。我都不知道他有没有听到，我要的是哪种面包。

"走之前，看着我的眼睛。"看着彼此的眼睛，是我和孩子们交流的方式。我从来没有在不看一下他们的眼睛的情况下就让他们离开，即使是去买面包。

他骑车离开了。

我不停地嘱咐他："靠右走。不要和任何人讲话。直接去面包店，买完东西直接回来。楼下那个大十字路口要注意，要在左边的人行道上面走。一定要小心……"

我一直在看时间，在屋里走来走去，心想：他现在转弯了；他一定得看着点儿车呀；现在一定是走过广场了；现在该到面包店了；现在该付钱了；现在该回来了。

是的，5分钟后，他就满头大汗地回来了。什么事情都没有发生。他做到了，他很开心，也很骄傲。

他说蛋糕店没有黑麦面包了。但是，他想到了妹妹，就给她带了一块儿巧克力，并且给他自己和妹妹每人买了一块儿蛋糕。

让我的孩子自由地飞翔，我做到了！几年前，我肯定做不到。朋友们，我很骄傲！而他呢，他一定不会告诉我，第一次独自出行是什么感受。

刚开始，我们把孩子带到这个世界上，会感到焦虑和不安。我们会觉得，永远也不会让他们离开自己。他们是我们的眼睛，是我们珍贵的财富。所以，当他们第一次离开的时候，我们才会觉得他们要面对的是险象丛生的密林。

但是，终有一天，他们会想要离开，去奔跑，去飞翔。对我来说，这个时刻就是那一天下午。说真的，我是有一点儿担心的，但是在他的喜悦面前，这点儿担心不算什么。而且，我确定，第二次，我就不会这样焦虑了。

哦，好像是我突然间长大了呢！

第4周回顾

本周，随着时间的推移，你意识到了行动的重要性。前面章节讨论的关于男人工作的观点值得长期关注和思考。你可以在和朋友吃饭的时候讨论这个话题，让它像种子一样发芽并结出美丽的果实。我们也看到了对自己和家人宽容，是多么重要。

现在，你已经掌握了分配精神压力的所有秘诀，你真能干！下面就看你的了！

多么美好的几周！

一个月的记录、认知、反思、调整，一个月的分享和更有效的沟通，一个月的好主意和好创意，带来了美好的时光和美妙的情感。

你已经读到了本书的末尾，在这4周过后，你的家里一定发生了巨大的变化，但是都是在向好的方向转变，对吗？

最后我想再强调一件事：不要忘记宠爱自己，要花时间在自己身上。这是十分必要的，因为这样你才能够在生活强迫你做的事和你真正想做的事之间找到平衡。

再提一下用第一人称"我"讲话的技巧。这是一种很棒的沟通方式，它可以让你远离很多纷争，表达出自身的感受，并帮助你解决日常生活中和工作中的很多问题。

在你的家里面找到这种平衡，这是最基本的，也是最重要的。希望你的压力能够得到很好地分配；希望你承担得更少、心绪更加宁静；希望你的压力更少，不用和时间赛跑；希望你的家庭建议换来的是更多的笑声，以及和家人相处时，或者只是自己独处时更美好的时光。

照顾好自己！

鸣 谢

感谢萨沙和维奥莉特，我的宝贝们；你们是我的"耐心天使"。当你们完成我给你们的任务时，我为你们的成长而感到骄傲，谢谢你们让我笑，让我抱怨，让我和你们一起成长。

感谢我的朋友们，谢谢你们的帮助、建议以及跟我进行的讨论，还有鼓励我的电话。艾米丽、塞西尔、夏娃，谢谢你们。感谢哈米德在编辑方面给我的建议，还有鼓励我的短信，你知道这对我有多么重要！感谢艾曼纽、亚历山德拉与奥利维，谢谢你们分享自己的亲身经历，它们让我思考，甚至有时会让我会心一笑。

特别感谢劳拉与阿歇特团队，是你们帮我完成了这个伟大的工程。

谢谢我的爸爸和妈妈。谢谢妈妈写下那些文字，鼓励我，给我信心。谢谢爸爸，你的沉默教会了我很多，谢谢你参与我的成长。谢谢你们把我培养成一个独立自主的女人。

最后，感谢那个懂我，并和我一起生活的人。

感谢读者，谢谢你们听我讲我的期望和疑虑。谢谢你们在精神压力问题上保持开放的态度，让自己过好每一天，让自己的家成为每个家人都能感到满足的港湾。

谢谢你们读到最后。事实上，我的书都是以感谢结束的！我很喜欢这样做。

卡米尔

美好生活需要自律，
来遇见同频的好朋友吧！

81